# DE L'ABSORPTION

EFFECTUÉE PAR LES

# VAISSEAUX LYMPHATIQUES

ET DU

## SYSTÈME DES AFFINITÉS ÉLECTIVES

# DE L'ABSORPTION

EFFECTUÉE PAR LES

# VAISSEAUX LYMPHATIQUES

ET DU

## SYSTÈME DES AFFINITÉS ÉLECTIVES

---

MÉMOIRE LU A L'ACADÉMIE IMPÉRIALE DE MÉDECINE LE 24 JUIN 1862

PAR

## M. G. COLIN

PROFESSEUR A L'ÉCOLE IMPÉRIALE VÉTÉRINAIRE D'ALFORT

---

# PARIS

## TYPOGRAPHIE DE RENOU ET MAULDE

RUE DE RIVOLI, N° 144

---

1863

# DE L'ABSORPTION



# VAISSEAUX LYMPHATIQUES

ET DU

## SYSTÊME DES AFFINITÉS ÉLECTIVES.

Voici, Messieurs, un vaste ensemble de vaisseaux dont le rôle a été tour à tour exagéré, restreint et presque nié. Présenté d'abord comme l'agent exclusif des différentes absorptions, il a été ensuite doué de la faculté de choisir les substances à absorber, et plus tard destitué de toute participation au travail qu'il semble chargé d'accomplir. Après tant de fluctuations sur un point si important, les physiologistes en sont venus au doute et à l'incertitude. Voyant qu'aucune des opinions anciennes n'est assez bien étayée pour entraîner leur conviction, ils adoptent celle qui leur paraît la plus conforme à leurs idées et la plus en rapport avec leurs doctrines.

Un tel état de choses ne saurait satisfaire les esprits sérieux et exacts. Il faut qu'on sache avec précision la part que les vaisseaux blancs prennent à l'absorption, dans l'intestin, sur les diverses surfaces et dans la trame des tissus. C'est ce que je me propose de montrer ici d'après des expériences simples et décisives.

Pour quiconque a un peu réfléchi à la disposition que les vaisseaux affectent à leur origine, il est manifeste que les lymphatiques réunissent, comme les veines, les conditions les plus favorables à l'absorption. Les réseaux à mailles fermées par lesquels les vaisseaux blancs prennent naissance dans les tissus sont, de même que les réseaux capillaires à l'origine des veines, admirablement disposés pour donner accès aux liquides qui les baignent. Leurs parois minces, si difficiles à apercevoir au microscope, ne peuvent manquer d'être très-perméables; la nature de leurs membranes, les caractères des liquides qu'elles renferment paraissent assez analogues pour donner à ces parois des propriétés endosmotiques uniformes. Aussi serait-il absurde de ne pas considérer, *à priori*, ces deux ordres de vaisseaux comme les agents simultanés de l'absorption.

On ne conçoit pas, Messieurs, que des esprits judicieux, des physiologistes de premier ordre aient pu, avec Hunter, refuser la faculté absorbante aux veines, ou, avec Magendie, la dénier aux lymphatiques. Les veines doivent nécessairement absorber chez les animaux qui sont dépourvus de lymphatiques, et elles absorbent encore chez ceux qui possèdent ces derniers; les lymphatiques, dès qu'ils apparaissent dans la série animale, se montrent comme un système surajouté, comme un auxiliaire des veines créé tout exprès pour absorber, système qui sans cela n'aurait pas de raison d'être. Il s'agit donc de déterminer exactement la part que ces deux ordres de vaisseaux prennent au travail commun de l'absorption, de faire voir en quoi l'action des uns ressemble à celle des autres, et surtout de faire ressortir les différences qui existent entre ces deux actions.

Procédons avec méthode, Messieurs, doutons de tout pour commencer et remettons tout en question. Opérons avec soin, pesons chaque expérience, et n'en tirons que les inductions les plus immédiates. N'oublions pas que des maîtres illustres, Hunter, Magendie et d'autres, en expérimentant, se sont trompés en sens opposé et sont arrivés à des résultats contradictoires également éloignés de la vérité.

Les vaisseaux dont l'ensemble forme le système lymphatique paraissent disposés pour absorber, soit sur les surfaces membraneuses, soit dans la trame des tissus. Peut-être ne fonctionnent-ils pas dans ces deux conditions de la même manière et avec une égale activité. Il faut donc distinguer les deux cas et les examiner l'un après l'autre.

L'absorption gastro-intestinale est sans contredit le type le plus parfait de celles qui s'opèrent sur les surfaces; elle est effectuée dans l'intestin grêle par les vaisseaux qui prennent naissance aux villosités, dans l'estomac et le gros intestin par des lymphatiques émanant de réseaux semblables à ceux des autres parties du corps. C'est par celle-ci que nous commencerons.

Ici, Messieurs, mieux que partout ailleurs, l'absorption veineuse et la lymphatique marchent de pair ; leurs organes se côtoient dès leur point de départ, et il est facilé d'en caractériser le rôle ; cependant la part de chacune n'a point encore été faite d'une manière rigoureuse. Pendant longtemps, à partir d'Aselli, la plupart des physiologistes ont cru les vaisseaux blancs du mésentère à peu près exclusivement chargés de recueillir les produits de la digestion ; Flandrin, Magendie, en leur accordant la faculté de pomper le chyle, leur ont refusé la faculté de prendre autre chose ; puis, d'un autre côté, Bichat, le physiologiste romancier, leur a attribué la propriété de choisir, en vertu d'une sensibilité spéciale, parmi les matières qui leur sont offertes. Et voilà qu'aujourd'hui on va jusqu'à prétendre que les lactés n'absorbent pas même le chyle, mais seulement des particules de graisse destinées à blanchir la lymphe des tuniques intestinales ! On affirme qu'ils ne prennent ni les matières azotées dissoutes par le suc gastrique, ni la dextrine, ni le sucre, ni les sels, ni les poisons, ni les matières colorantes et odorantes ! Par un singulier revirement d'opinion, ces admirables vaisseaux, dont le rôle a été si exagéré, se trouvent maintenant dépouillés du plus grand nombre de leurs attributions et réduits à un office subalterne !

Pourtant aucune de ces diverses opinions prise en bloc n'est exacte, et les hypothèses présentées de nos jours sont aussi loin de la vérité que celles qui furent imaginées il y a deux siècles par les contemporains d'Aselli. Magendie, en s'appuyant sur des expériences, s'abuse non moins que Bichat séduit par son système des affinités électives.

Je me hâte de démontrer mes propositions en commençant par ce qui a trait aux chylifères.

Pour cela, Messieurs, je n'ai garde d'opérer comme l'illustre physiologiste que je viens de citer : sa manière d'expérimenter me mènerait tout droit à l'illusion et à l'erreur. Je vais mettre à découvert le canal thoracique et y fixer un tube d'argent. Lorsque le chyle coulera librement, j'administrerai à l'animal un sel facile à reconnaître, le prussiate de potasse, l'iodure de potassium, l'émétique, l'acide arsénieux, et je le chercherai de minute en minute dans le produit de la fistule.

Je fais donc avaler à un gros chien qui a le canal thoracique ouvert une solution de 20 grammes d'iodure de potassium dans 200 à 250 grammes d'eau, et je recueille toutes les minutes le chyle dans une série de verres à réactifs; puis j'essaye chaque échantillon par le chlore et l'amidon. Si l'animal est en digestion, si le pylore laisse librement passer le liquide dans l'intestin grêle, si cet intestin imprime un mouvement un peu rapide aux ondées qu'il reçoit, la dissolution saline est bientôt mise en contact avec les villosités et saisie par les chylifères. Dès la dix huitième ou la vingtième minute, le chyle, traité par l'amidon et le chlore, commence à offrir des stries violettes. Huit à dix minutes plus tard la coloration devient sensiblement plus prononcée; elle continue à augmenter d'intensité pendant une heure, une heure et demie, jusqu'au moment où le chyle prend une teinte bleue uniforme; puis elle demeure stationnaire, s'affaiblit à la longue pour disparaître au bout de six, huit, dix, douze, quinze heures. Ainsi, on voit à quel moment précis le sel commence à passer dans le chyle en quantité appréciable; on juge des progrès que fait l'absorption par l'intensité croissante de la teinte bleue du liquide; on détermine le moment où cette absorption arrive à son maximum, le temps pendant lequel elle est stationnaire; enfin, on la suit dans toutes les phases de son ralentissement jusqu'à la disparition des dernières traces appréciables du sel.

Ce résultat est constant; il se reproduit dans tous les cas, avec les mêmes caractères essentiels, sauf les variations infinies dues à l'état de l'appareil digestif. Le sel met un temps très-long à se montrer si l'estomac, inerte, contracté et enduit de mucus, le conserve dans sa cavité, — si ce sel se trouve mêlé à une trop grande masse d'aliments, ou bien s'il est poussé en faibles proportions dans un intestin resserré et sans contractions péristaltiques. Au contraire, il apparaît très-vite et en grande quantité si l'estomac est dilaté, — si le pylore s'ouvre souvent, — si la marche des liquides intestinaux est accélérée. Et, à cet égard, les limites des variations sont fort étendues, au point que le même sel met à se montrer dans certains cas un temps double, triple, quadruple de celui qu'il emploie dans les conditions ordinaires. Aussi ne faut-il pas s'étonner de ce que dans les maladies où mille causes peuvent modifier l'état des organes, l'absorption est si incertaine et si mal réglée.

Ce qui vient de se passer chez le chien va se reproduire de la même manière chez les herbivores, soit qu'ils aient un estomac à plusieurs compartiments de vaste capacité, comme les ruminants, ou un estomac simple et à peu près dépourvu de la faculté absorbante.

Je donne à un bélier, sous forme de breuvage, 25 grammes d'iodure de potassium dans 500 grammes d'eau, et je recueille, minute par minute, le chyle que verse un tube d'argent adapté au canal thoracique en avant de la première côte. La dissolution saline que l'animal a avalée tombe en partie dans les trois premiers estomacs, où elle se mêle à une grande masse d'aliments, et en partie dans la caillette, qui jouit seule de la propriété d'absorber. C'est seulement cette dernière fraction qui, en passant dans l'intestin grêle, peut être absorbée dès les premiers moments. Or, dès la 18ᵉ minute, le chyle offrira des traces très-appréciables d'iode ; la proportion de sel augmentera très-rapidement, et elle sera portée à son maximum au bout d'une heure à une heure et demie, après quoi elle demeurera longtemps stationnaire. Dix heures, quinze heures, dix-huit heures même après l'ingestion du sel, le chyle donnera, par l'amidon et le chlore, une coloration bleue très-intense. Il continuera ainsi à bleuir tant que les premiers réservoirs gastriques chasseront vers l'intestin une certaine quantité de la dissolution qu'ils tenaient en réserve.

Même résultat encore chez les ruminants de haute stature, comme la vache et le taureau, quoique la dissolution se perde en partie dans les vastes estomacs et s'y mêle à une énorme quantité de matières alimentaires.

Un taureau, dont le canal thoracique porte un tube d'argent, avale 200 grammes de prussiate de potasse dans un litre et demi d'eau tiède. Au bout d'une demi-heure, le chyle traité par le persulfate de fer et l'acide chlorhydrique, prend une légère teinte bleue, ce qui indique la présence du prussiate. La coloration prend une intensité croissante dans les moments qui suivent, et elle arrive à son plus haut degré en une heure et demie. Elle se maintient sans changement pendant quelques heures, puis décroît et disparaît déjà à la fin de la sixième heure.

Un autre taureau, de même taille que le premier, reçoit, au lieu de prussiate de potasse, 80 grammes d'iodure de potassium dans un litre et demi d'eau. Dès la 25ᵉ minute, le chlore et l'amidon décèlent dans le chyle des traces d'iode. Ces traces demeurent très-faibles jusqu'à la fin de la première heure, et elles n'augmentent qu'avec une extrême lenteur. C'est seulement à compter de la sixième, que la coloration arrive à son plus haut degré. Elle conserve cette intensité pendant deux jours entiers, et lorsqu'on tue l'animal, quarante-six heures après l'administration du breuvage ioduré, le chyle bleuit à peu près comme à la cinquième ou à la sixième heure.

Voilà certainement un résultat bien curieux. Ces 80 grammes d'iodure de potassium versés dans les immenses estomacs d'un taureau suffisent, en passant peu à peu dans l'intestin, à alimenter l'absorption pendant deux jours et à saturer pour ainsi dire le chyle. Encore au bout d'une si longue période, la totalité du sel n'a point été enlevée. Il en reste encore un peu dans les liquides du réseau, dans les matières de la caillette et dans la fiente du gros intestin ; de plus, une notable quantité d'iode s'est répandue dans les liquides et les tissus de l'économie.

On en trouve dans la sérosité de toutes les membranes séreuses, dans le liquide céphalo-rachidien et dans la plupart des produits de sécrétion. Il y en a dans le tissu cellulaire, dans les muscles, dans les diverses membranes. Le cerveau, la moelle épinière et l'œil même en sont imprégnés. L'absorption aurait donc pu encore en recueillir pendant longtemps.

Ainsi le prussiate de potasse et l'iodure de potassium passent dans le chyle et y passent en forte proportion ; mais ils ne sont pas les seuls. J'ai administré de la même manière de l'émétique et de l'acide arsénieux, des arséniates de potasse et de soude. Le chyle recueilli pendant plusieurs heures a été évaporé, desséché, et, le résidu essayé par l'appareil de Marsh, l'antimoine et l'arsenic ont donné sur des capsules de porcelaine les taches miroitantes qui décèlent leur présence.

Dans les expériences qui précèdent, le sel, ingéré en dissolution et sous forme de breuvage, a pu être absorbé soit par les lymphatiques de l'estomac, soit par les chylifères de l'intestin grêle ou par tous à la fois. Il est bon de faire leur part respective en isolant complétement l'absorption gastrique de l'absorption intestinale, car les lymphatiques nés de réseaux fermés dans les tuniques de l'estomac ne sont pas dans les mêmes conditions physiologiques que les vaisseaux blancs émanés des villosités intestinales.

J'écarte pour le moment l'absorption lymphatique de l'estomac, afin de ne pas me heurter à des complications inévitables, et j'arrive à celle de l'intestin, qui offre infiniment plus d'intérêt.

Pour bien étudier celle-ci, Messieurs, avec ses caractères essentiels et ses nuances infinies, il ne faut pas s'adresser au premier animal venu. Un cheval, un chien, un porc, un lapin, ne conviendraient nullement. Chez ceux-ci une simple incision aux parois abdominales pour atteindre une anse d'intestin et y injecter la dissolution saline appellerait l'air dans le péritoine, affaiblirait la pression qui doit être exercée sur les chylifères, et modifierait leur contractilité au point de ralentir considérablement et même de suspendre pour un certain temps le travail de l'absorption. Mais il n'en est pas ainsi chez le bœuf et le mouton ; ces ruminants ont l'intestin renfermé dans un sac épiploïque à doubles parois qui le soustrait au contact de l'air, lorsqu'on fait une petite ouverture aux parois abdominales. De plus, comme ils ont leur duodénum en dehors du sac, on le met seul à nu vers son origine pour y injecter par une ouverture de trocart la dissolution saline. Nous choisirons donc nos victimes parmi les animaux de cet ordre.

Sur un premier bélier, auquel j'ai préalablement établi une fistule au canal thoracique, je pousse dans le duodénum une dissolution de 10 grammes de prussiate de potasse pour 300 grammes d'eau. Le chyle est recueilli minute par minute dans de petits verres isolés, puis traité par le persulfate de fer et l'acide chlorhydrique. Dès la vingt-troisième minute, on y reconnaît des indices de la présence du sel. A la fin de la première demi-heure, il prend une teinte vert bleuâtre très-sensible qui se fonce de plus en plus, et arrive bientôt à son maximum d'intensité. Au moment de la mort, le sang de la circulation générale contient aussi du cyanure, mais beaucoup moins que le chyle.

A un deuxième bélier, au canal thoracique duquel se trouve adapté un tube, j'injecte dans le duodénum 10 grammes de prussiate de potasse pour 100 grammes seulement d'eau froide. Dès la dixième minute, la teinte légèrement azurée que prend le chyle par l'action du persulfate de fer indique qu'il commence à se charger du sel injecté. A partir de la première demi-heure, la teinte bleu-ciel demeure stationnaire. Cette fois l'absorption a marché très-rapidement, car l'animal, dont la rumination était suspendue depuis vingt-quatre heures, avait l'intestin presque vide dans toute son étendue. Mais elle peut se faire encore avec plus de célérité.

J'ai injecté dans le duodénum d'un mouton, qui avait cessé de manger et de ruminer depuis deux jours, 10 grammes d'iodure de potassium dans 1 décilitre 1/2 d'eau, et j'ai examiné sans interruption le chyle que versait à l'extérieur le canal thoracique, comme dans les expériences précédentes. Cette fois, dès la sixième minute le papier amidonné, plongé dans le chyle additionné de quelques gouttes de chlore, commençait à bleuir. De la septième à la dixième minute, ce chyle devenait de plus en plus violet par son contact avec les réactifs. Enfin, à compter de la vingtième minute, il paraissait saturé d'iodure, ou plutôt il prenait une teinte bleu fixe qui persista sans changement dans les échantillons recueillis aux heures suivantes.

Ainsi, Messieurs, six minutes peuvent suffire à l'iodure de potassium poussé dans l'intestin grêle pour pénétrer dans les villosités, franchir l'espace qui sépare l'intestin des ganglions mésentériques, traverser ces ganglions, arriver à la citerne de Pecquet, et de là enfin à l'aboutchement du canal thoracique dans la sous-clavière ou dans la veine cave.

Un tel trajet franchi en un temps si court a lieu de nous étonner quand nous songeons à cette lenteur extrême que les physiologistes attribuent à la marche des liquides dans le système lymphatique. Et cependant cette rapidité du transport des sels absorbés est en réalité plus grande encore que les expériences ne l'indiquent, car avant que le sel se soit accumulé en quantité suffisante pour devenir sensible aux réactifs, combien de particules ont été saisies et amenées à destination !

J'ai cherché aussi à déterminer plus exactement cette vitesse en isolant autant que possible le temps nécessaire à l'absorption du temps employé au transport des produits absorbés, et pour cela j'ai tenté de recueillir le chyle assez près de l'intestin en insérant un tube dans l'un des principaux lactés du mésentère; mais l'incision faite au flanc, le contact de l'air avec l'intestin et avec une grande partie des chylifères ont ralenti le travail de l'absorption au lieu de le précipiter. Sur le bélier, le chyle, parvenu au milieu de la hauteur du mésentère, n'a point paru chargé d'iode avant la cinquième ou la sixième minute. Une telle expérience n'a, au reste, pas une grande utilité. Vraisemblablement, la pénétration des sels dans les lymphatiques se fait aussi vite que dans les veines. Toute la différence entre les deux ordres de vaisseaux gît dans la célérité avec laquelle sont enlevées les particules absorbées. Les lymphatiques opèrent le transport à petite vitesse, car ils n'ont d'autre agent d'impulsion que la contractilité de leurs parois ; les veines effectuent les transports accélérés sous l'influence de la pompe cardiaque, qui tout à la fois foule le sang artériel et aspire le sang noir.

Il ne faudrait pas croire, Messieurs, que l'absorption intestinale par les vaisseaux lactés se fait toujours avec la rapidité que nous avons constatée dans la dernière expérience et dans plusieurs autres analogues. Elle est considérablement retardée lorsque l'intestin, au lieu d'être balayé comme l'était celui de notre bélier par une diète de quarante-huit heures, se trouve bourré d'aliments qui s'imprègnent de la dissolution et en ralentissent la marche. L'absorption est également ralentie quand l'intestin, vide et contracté depuis longtemps, a sa muqueuse collée avec elle-même, comme cela arrive souvent sur le chien. Enfin, elle l'est encore lorsque la dissolution saline, au lieu d'être promenée un peu promptement, s'arrête dans une portion circonscrite ou revient sur ses pas par l'effet de contractions antipéristaltiques ; aussi, dans ces conditions, le chyle ne se montre-t-il chargé des sels introduits dans l'intestin qu'au bout d'un demi-heure et même d'une heure. C'est ce qui arriva un jour devant une réunion de savants, sur un mouton qui avait reçu, cinq à six heures avant l'expérience, une trop forte ration d'avoine. Aussi le chyle qui, d'après mes prévisions, devait contenir de l'iode de la sixième à la dixième minute, n'en offrit que vers la trente-cinquième. J'avais donné tant d'avoine au mouton pour en obtenir beaucoup de liquide que la pâte intestinale avait soustrait la plus grande partie du sel à l'absorption.

Bien d'autres causes plus ou moins saisissables peuvent encore contribuer à ralentir ou à affaiblir l'absorption. M. Magendie a déjà admirablement démontré l'influence de la réplétion vasculaire ; d'autres ont prouvé celle de la pression. Quelque chose d'analogue se fait sentir sur les vaisseaux blancs. Il y a une pléthore lymphatique comme il y a une pléthore sanguine; il y a un état d'atonie des vaisseaux blancs qui correspond à l'atonie des vaisseaux sanguins; il y a des circonstances où leur contractilité diminue, d'autres où elle s'exalte. Je ne m'arrête pas sur ce point.

Quelle que soit sa rapidité, l'absorption intestinale peut être suivie pas à pas et presque de villosité à villosité, de chylifère à chylifère, tant sont variées les ressources de l'expérimentation. Si, par exemple, je viens à tuer un animal un certain temps après lui avoir fait prendre en breuvage une dissolution saline, je peux, en piquant successivement les vaisseaux du mésentère et en traitant par les réactifs les gouttelettes de chyle, voir jusqu'où le sel s'est avancé. Lorsque la solution s'est répandue dans les deux ou trois premiers mètres, tous les lactés qui s'en élèvent et tous les ganglions qui leur correspondent donnent du chyle qui bleuit; au contraire, tous les ganglions placés en regard des parties où le sel n'est pas arrivé donnent du chyle normal.

Le même résultat sera obtenu sous une forme plus saisissante si, au lieu d'un sel, j'emploie une matière colorante susceptible d'être absorbée. En donnant, par exemple, de la murexide à un mouton, on teint en rouge toutes les glandes de Peyer et tous les ganglions des anses intestinales où elle a pénétré, pendant que les autres conservent leur aspect ordinaire.

Chez le bélier, la dissolution marche dans l'intestin grêle avec une vitesse moyenne de deux à trois décimètres par minute, au moins de dix à douze mètres à l'heure, et chez le cheval plus vite encore. Chez ce dernier, qui a douze à quinze cents chylifères, on peut, à quelques-uns près, compter ceux dans lesquels le sel a pénétré. Je me suis quelquefois amusé à cette futilité, qui prendra tout à l'heure une grande importance.

Voilà donc nos chylifères qui absorbent le prussiate de potasse, l'iodure de potassium, l'émétique, l'acide arsénieux, la murexide. Peuvent-ils absorber plusieurs sels à la fois comme ils les absorbent isolément?

J'ai donné à un fort chien porteur d'une fistule au canal thoracique, et sur la fin de la digestion, une solution de 10 grammes de prussiate de potasse et 10 grammes d'iodure de potassium ; l'iodure s'est montré dans le chyle dès la quatorzième minute, et il a continué à y passer pendant plus de trois heures ; néanmoins, le prussiate de potasse n'y a paru à aucun moment. Il semble donc qu'à quantité égale l'un des sels empêche l'autre d'être absorbé.

J'ai donné les deux mêmes sels à un autre chien en doublant la quantité de celui qui n'avait pas passé (10 grammes d'iodure de potassium et 20 grammes de prussiate de potasse). Cette fois les deux sels se sont montrés dans le chyle, mais plus tardivement, et l'iodure quatre minutes avant le prussiate. Ils ont continué à passer ensemble pendant plus de vingt-quatre heures, et, chose bien remarquable, sur cette bête, qui était pleine, l'iode se répandit dans les liquides du fœtus sans y être accompagné par le prussiate. Ces faits sont bien singuliers ! Lorsque l'iodure et le cyanure sont donnés en égale proportion, le premier seul est absorbé, et il semble s'opposer à l'absorption de l'autre ; mais ils sont absorbés tous les deux si je double la quantité de celui qui tout à l'heure ne pouvait l'être. De quoi peuvent dépendre ces curieuses particularités ?

Le physiologiste qui s'en tiendrait aux résultats bruts de l'expérience serait tenté de croire, quand il ne voit pas les deux sels arriver en même temps, que l'un a été absorbé avant l'autre. Cette interprétation pourrait n'être pas la vraie. Dans les expériences, l'iodure apparaît le plus souvent plus tôt que le cyanure, et il continue à se montrer longtemps après, toutes choses étant égales d'ailleurs sous le rapport de la quantité des sels et des conditions dans lesquelles sont placées les animaux. Cela se conçoit. L'iodure se décèle plus facilement que le cyanure. Lorsque le chyle s'est chargé des premières particules des deux sels, les unes peuvent être mises en évidence et non les autres. Cependant elles sont vraisemblablement en égale proportion. C'est pour la même raison que sur la fin l'un des composés paraît manquer, bien que l'autre persiste, dans le chyle.

Avec deux sels, j'ai essayé de faire absorber encore autre chose. Les chylifères qui, d'après M. Bernard, n'admettraient pas le sucre, l'absorbent à merveille. Ils font mieux encore. Lorsqu'ils n'en trouvent pas de tout formé, ils en fabriquent à leur origine, comme je crois l'avoir démontré la première fois que j'ai eu l'honneur de paraître à cette tribune. Or, j'ai donné du sucre en même temps que des dissolutions salines, et ce sucre a été absorbé avec elles.

Rien n'est plus facile à constater que l'addition de ce sucre à celui qui est propre au chyle. On commence par adapter un tube métallique au canal thoracique, et à recueillir un échantillon de liquide dont on dose la matière sucrée à l'aide de la liqueur de Fehling, puis on retire un nouvel échantillon quand on suppose que l'absorption du sucre administré doit être en pleine activité. On voit alors que le second contient une quantité de glycose supérieure d'un quart, d'un tiers, d'une moitié à celle du premier.

Nos chylifères absorbent donc le cyanure ferrique, l'iodure de potassium, l'antimoine, l'arsenic, le sucre, une matière colorante, soit isolément, soit associées à deux ou à trois. Comme en même temps ils prennent, si l'animal est en digestion, des matières albumineuses, de la caséine, de l'urée, des matières grasses, des sels de différente nature, cela fait déjà un total considérable. On pourrait cependant demander quelque chose de plus.

J'ai souvent réfléchi, Messieurs, à une belle expérience de de Saussure, aussi peu citée qu'elle mérite de l'être souvent, expérience qui met en évidence de curieuses particularités de l'absorption chez les plantes. De Saussure faisait dissoudre dans l'eau des quantités égales de dix substances diverses, et lorsque les plantes qu'il y plongeait avaient absorbé la moitié du liquide, il déterminait ce qu'elles avaient laissé. De cette manière, il a vu que les plantes ont absorbé l'eau dans une plus forte proportion que les matières dissoutes ; qu'elles ont pris de toutes les substances sans exception, mais en proportions très-inégales ; elles ont pris plus de sels alcalins, plus de sucre que de gomme. Ainsi, pendant que le polygonum absorbait 15 parties de chlorure de potassium, il en enlevait seulement 13 de chlorure de sodium, 12 de chlorhydrate d'ammoniaque, 8 d'acétate de chaux, 4 de nitrate de la même base. Les plantes paraissent donc choisir, et les deux espèces sur lesquelles il opérait ne choisissaient pas l'une comme l'autre. Après la section de leurs racines, elles ne choisissaient plus, mais prenaient les substances à plus forte dose et à peu près dans le même rapport que l'eau où elles étaient dissoutes.

J'aurais voulu répéter sur les animaux et dans des conditions physiologiques diverses l'expérience de de Saussure : Enfermer dans des anses intestinales des solutions titrées de plusieurs sels, afin de voir si, au bout d'un temps donné, les sels seraient absorbés en proportions égales et dans les mêmes rapports que l'eau ; mais pour cela il m'eût fallu des connaissances analytiques que je n'ai pas, ou la coopération d'un habile chimiste. J'ai quelques raisons de croire que dans l'économie animale l'absorption reproduirait certaines particularités observées sur les végétaux. Quand, par exemple, l'iodure de potassium est donné à un ruminant sous forme de breuvage, les parties liquides qui passent dans l'intestin semblent se dépouiller très-vite de leur iode. Celui-ci paraît absorbé en plus forte proportion que son véhicule. D'autre part, quand on injecte dans l'intestin du curare très-étendu, l'eau disparaît et le poison reste. Les graisses, qui blanchissent si vite le chyle dans les conditions normales, ne sont point absorbées, s'il y a une irritation inflammatoire de la muqueuse intestinale, et tous les praticiens savent combien la digestion en est difficile dans une foule de maladies.

Ces curieuses particularités de l'absorption s'expliquent jusqu'à un certain point par les divers états des muqueuses, les caractères du mucus et des épithéliums, ainsi que par les changements qui surviennent dans la contractilité des vaisseaux et dans la perméabilité de leurs parois. Elles résultent aussi en partie des propriétés inhérentes aux matières offertes à l'absorption, et de leur manière d'agir sur les tissus. Mais il y a peut-être plus encore, quelque chose d'insaisissable qui tient à la vie et qui ressemble à ces affinités dont Bichat nous a laissé une peinture si saisissante dans son *Anatomie générale*. Je sais bien que mille faits viennent témoigner contre la réalité de leur mystérieuse intervention. Les affinités électives ne s'opposent pas à l'absorption des substances toxiques, ni sur les membranes, ni dans les tissus, et, fort heureusement, elles ne mettent pas obstacle à celle des agents médicamenteux qui, eux aussi, sont pour la plupart des poisons à une dose élevée. Leur intervention ne paraît pas plus réelle aux lymphatiques qu'aux veines, car les premiers deviennent les complices des secondes dans le délit, comme ils s'en rendent les auxiliaires dans le travail utile. Or, puisque dans le premier cas elles sont impuissantes en raison des masses qui entrent forcément en vertu des lois de l'endosmose et de la capillarité, et, puisque dans le second elles sont en défaut devant des quantités infimes, il est bien permis de se demander à quoi elles peuvent servir.

Je n'entends pas ici, Messieurs, déclarer la guerre à l'idée si séduisante des affinités électives ; je voudrais plutôt traiter avec elle et chercher à définir sa part. J'aime le vitalisme dans une certaine mesure, car il représente le côté poétique et les belles aspirations de la science. Le dieu de la machine vivante n'est point une force physique ou chimique cachée dans la matière. Il y a en elle autre chose que des canaux, des cornues, des filtres et des réactifs. C'est cette inconnue qu'il faudrait un peu mieux étudier : elle tiendrait moins de place aux yeux des vitalistes et en prendrait un peu plus à ceux de l'école expérimentale.

Je reviens à mes lymphatiques.

Il ne suffit pas de démontrer que les chylifères absorbent, pour être en droit d'attribuer la même faculté aux autres parties du système des vaisseaux blancs. On conçoit que les vaisseaux lactés, par suite de leur mode d'origine et de leur disposition toute particulière, prennent une foule de substances ingérées dans l'intestin. Placés là pour recueillir les produits de la digestion qui, en définitive, sont des matières étrangères, ils peuvent en même temps recueillir celles qui accidentellement sont mêlées aux premières. Mais les lymphatiques des diverses parties du corps, notamment ceux qui appartiennent aux tissus profonds, sans aucun rapport avec les agents extérieurs, doivent-ils posséder les mêmes propriétés, la même aptitude à se charger des matières avec lesquelles on peut les mettre accidentellement en contact ? C'est ce que l'expérimentation va nous apprendre.

Dans plusieurs parties du corps, les lymphatiques forment de magnifiques réseaux. Sous la peau, ils se rendent à des ganglions et s'en échappent après avoir acquis de grandes dimensions. Or, si nous injectons dans le tissu cellulaire une dissolution saline, et si, en même temps, nous adaptons un tube d'argent à un lymphatique émanant de la région où le sel a été déposé, nous pourrons examiner la lymphe minute par minute, et noter d'une manière précise à quel moment le principe étranger y apparaît.

Sur un premier cheval de très-petite taille, j'injecte dans le tissu cellulaire de la moitié droite de la face 100 grammes d'eau tenant en dissolution 3 grammes 1.2 de cyanure de fer et de potassium, après avoir établi une fistule du même côté à un lymphatique accolé à la carotide. Dès la neuvième minute, le persulfate de fer commence à bleuir la lymphe, dont la coloration continue à augmenter pendant longtemps. Cette coloration arrive à son maximum dans la première demi-heure, se maintient sans variations pendant une heure, puis diminue d'une manière insensible; le sel a été absorbé ici comme il l'a été dans l'intestin.

Sur un second cheval, j'établis une fistule à un lymphatique voisin de la carotide vers le milieu du cou, et j'injecte dans le tissu cellulaire de la face, par une petite ouverture de la peau, 5 grammes de cyanure de fer et de potassium dissous dans 200 grammes d'eau; une partie de la solution est poussée sous la parotide, et pour accélérer la progression de la lymphe, on donne du foin à l'animal. A compter de la septième minute, le liquide recueilli par le tube prend, par le persulfate de fer, une belle teinte vert-d'émeraude. Dès la quinzième minute, la teinte bleue devient très-foncée; elle conserve toute son intensité pendant la première heure; puis elle décroît, et à la fin de la troisième heure, elle disparaît. A ce moment, la totalité de la dissolution a été absorbée.

Ainsi, Messieurs, en sept minutes le sel que nous avons déposé dans le tissu cellulaire facial, près des lèvres et des narines, a été absorbé, puis porté dans les ganglions sous-glossiens, de là dans les ganglions parotidiens et pharyngiens, de ceux-ci dans les petits, qui sont échelonnés sur les côtés de la trachée, enfin il est arrivé vers le milieu de l'encolure. Ce court délai lui a suffi pour effectuer un si long trajet.

Ici, comme à l'intestin, nous avons deux temps confondus, celui de l'absorption et celui du transport des produits absorbés. Quelle est leur durée respective? Est-il possible de dire combien il a fallu de minutes aux lymphatiques pour prendre le cyanure, et combien pour l'amener de la région des lèvres à la partie moyenne du cou?

Il est évident, d'une part, que si nous déposons le sel très-près de l'endroit où il doit être amené, et que, si, d'autre part, nous activons la marche de la lymphe par les mouvements musculaires, nous réduirons considérablement la durée du transport. Les expériences suivantes vont, en effet, nous montrer que les deux phases du phénomène sont assez courtes.

J'injecte sous la parotide d'un cheval et aussi en partie sous la peau de la face une solution de 4 grammes de cyanure de fer et de potassium pendant que l'animal mange. Cela fait, le sel paraît déjà très-nettement dans la lymphe, qui coule au milieu du cou dès la cinquième minute. Les parties absorbées sont arrivées plus vite, car leur trajet était réduit d'une étendue presque égale à la longueur de la tête, et elles n'avaient point à traverser le groupe des ganglions sous-glossiens.

Sur un autre, où l'injection de 7 grammes de cyanure dans 150 gr. d'eau fut faite au même point, le sel parut plus vite encore, au bout de quatre minutes seulement. M. Milne-Edwards fut témoin de cette expérience. Dans aucune de celles que j'ai faites depuis, le sel ne s'est montré avec plus de promptitude.

Pour d'autres expériences, j'ai remplacé le prussiate de potasse par l'iodure de potassium, et les résultats ont été les mêmes. L'émétique et l'acide arsénieux, le sulfo-cyanure de potassium, que les chylifères avaient absorbés, ont été pris également par les lymphatiques. Certaines matières colorantes ont pu être saisies. L'indigo, traité par l'acide sulfurique, est arrivé jusqu'aux ganglions sous-maxillaires, qui l'ont arrêté. Mais la murexide, cette belle matière rouge, a été parfaitement absorbée, et son absorption a pu être suivie dans toutes les phases de son activité. 2 grammes de cette matière colorante en dissolution dans 300 grammes d'eau ont été injectés dans le tissu cellulaire de la face. La lymphe versée par la fistule a changé de teinte à partir de la dix-septième minute. Cette teinte, qui est à l'état normal d'un beau jaune d'ambre, est devenue de plus en plus rougeâtre jusqu'à la fin de la première heure; puis elle a repris peu à peu sa nuance primitive.

De tout ce qui précède, il résulte clairement que les lymphatiques, bien qu'ils soient dans les circonstances ordinaires seulement chargés de recueillir le plasma du sang, peuvent cependant, comme les chylifères, admettre les substances solubles qui leur sont offertes, les admettre rapidement et en grande quantité. Aucun doute ne peut plus subsister à ce sujet.

Mais une grave objection se présente ici au nom des partisans exclusifs de l'absorption par les veines. Ils peuvent nous dire : Est-il bien certain que ce que vous trouvez dans les lymphatiques et les chylifères soit absorbé par eux et ne leur soit pas donné par le sang? Toutes nos démonstrations menaceraient ruine, si je n'étais en mesure de montrer que les matières absorbées pénètrent directement dans les vaisseaux blancs. Il est bien vrai que les substances absorbées par les veines et apportées dans la masse du sang s'échappent des vaisseaux avec le plasma, pour être reprises plus tard par les lymphatiques, mais cela ne saurait arriver dans nos expériences. On ne s'expliquerait guère comment dans un espace de cinq à six minutes un sel pourrait être absorbé par les veines, apporté au cœur, puis réparti dans tous les tissus, et réabsorbé de nouveau par les vaisseaux blancs. Il faudrait dans cette hypothèse faire intervenir trois actions successives : l'absorption veineuse du sel, l'extravasation de celui-ci au sein des tissus, et sa rentrée dans les lymphatiques; conséquemment, cette absorption, qu'on voudrait rejeter comme un acte immédiat, serait admise forcément comme un acte secondaire. Il y a là un non-sens et une contradiction flagrante.

Ce qui prouve mieux que tous les raisonnements imaginables que les vaisseaux blancs effectuent une absorption directe et immédiate, c'est qu'on trouve les sels et les poisons dans le chyle et dans la lymphe avant de les trouver dans le sang. Le fait devient saisissant dans les expériences qui suivent :

J'insère deux tubes métalliques dans les vaisseaux blancs de l'encolure, l'un du côté droit, l'autre du côté gauche; je mets à découvert la carotide et la jugulaire, de manière à pouvoir recueillir du sang très-rapidement et de minute en minute, puis j'injecte dans le tissu cellulaire de la moitié droite de la face une solution de prussiate de potasse. A la septième minute, je vois apparaître le sel dans la lymphe du côté droit, où l'injection a été faite, et aussitôt je recueille un échantillon de sang de la jugulaire droite, de la carotide, et enfin de la lymphe du côté gauche du cou. Eh bien, le sérum du sang de la jugulaire droite venant des parties où le sel a été déposé ne contient que des traces presque insaisissables de prussiate. Le sang artériel et la lymphe du côté gauche n'en montrent pas du tout. Or, il est évident que le sang artériel n'a pu donner au plasma le sel qu'il ne contient pas encore; il est non moins évident que, s'il eût pu en donner, il l'eût fait à la lymphe du côté gauche comme à celle du côté droit. Si nous continuons à suivre notre expérience, nous verrons qu'à la dixième, la douzième, la quinzième minute la lymphe provenant du côté de l'injection prendra une teinte de plus en plus bleue. La lymphe de l'autre côté sera toujours dépourvue de prussiate, et le sang de la jugulaire droite n'en contiendra ni plus ni moins qu'au début. Cela est très-concluant.

Du côté des chylifères, nous arrivons au même résultat et à la même démonstration. En effet, lorsque j'ai poussé dans l'intestin d'un bélier une dissolution d'iodure de potassium, et que l'iode apparaît dans le chyle de la sixième à la dixième ou à la douzième minute, il n'y en a encore aucune trace ni dans le sang artériel, ni dans la lymphe que versent les lymphatiques de l'encolure; — d'autre part, lorsque j'ai injecté le sel dans une anse intestinale fermée aux deux bouts, le chyle de tous les vaisseaux qui s'élèvent de cette anse bleuit, comme aussi le contenu de tous les ganglions placés sur leur trajet; mais le chyle des lactés et des ganglions des autres anses ne présente pas la moindre trace de coloration.

Ainsi l'objection s'évanouit; les sels, les poisons, les matières colorantes que nous avons trouvés dans les chylifères et les lymphatiques ont été bien réellement, directement et primitivement absorbés par ces vaisseaux; et cette objection purement théorique, dénuée de bases même rationnelles, tombe devant un ensemble de preuves dont la valeur ne saurait être contestée.

Voilà donc, Messieurs, les vaisseaux blancs réhabilités au nom de la physiologie expérimentale; voilà les lactés d'Érasistrate et d'Aselli, les vaisseaux séreux de Bartholin, de Rudbech et de Veslingius remis sur la même ligne que les veines et partageant avec elles le travail si important et si général de l'absorption. Toutefois, cette communauté d'office, cette sorte de promiscuité dans les fonctions n'implique pas une identité parfaite entre le rôle des veines et celui des lymphatiques. Je n'ai guère à montrer ici en quoi ces deux rôles peuvent différer, leurs traits de ressemblance faisant l'unique sujet de cette dissertation. Dans un travail ultérieur, je chercherai à mettre en relief la physionomie si curieuse de l'absorption lymphatique, tant dans les maladies qu'à l'état normal; nous verrons alors comment les vaisseaux blancs, après avoir collecté dans les tissus ou sur les surfaces libres les produits normaux ou morbides, les apportent dans les ganglions. Nous verrons ceux-ci rassembler, retenir, comme de petits foies, ces produits divers, s'en imprégner pour longtemps, puis les tamiser, les modifier et s'en débarrasser; enfin, nous verrons comment, par exemple, les substances injectées dans les cavités nasales, dans les sinus du cheval morveux passent par les ganglions sous-glossiens, dont elles peuvent résoudre les engorgements; comment les préparations iodurées, déposées à la surface de la peau, agissent sur les indurations des mêmes organes, etc.

Il ne me reste plus, Messieurs, pour terminer, qu'à vous dire pourquoi M. Magendie, si ingénieux et si logique dans ses études sur l'absorption, n'a pas reconnu ce que je viens de vous annoncer, et comment il a été conduit à nier le passage des sels et des poisons dans le système lymphatique.

Si M. Magendie n'a pas vu le chyle coloré par la rhubarbe et s'il n'y a pas retrouvé l'odeur de l'alcool, c'est vraisemblablement parce que ces substances se trouvaient dans ce liquide en très-petite quantité.

Si, au bout d'un quart d'heure, il n'a pas constaté la présence du prussiate de potasse dans le chyle du canal thoracique, c'est que l'absorption du sel avait été retardée, et elle l'est souvent davantage.

Si la noix vomique a tué des chiens dont le canal thoracique était lié ou les vaisseaux chylifères coupés, c'est que la quantité de poison prise par les veines a été suffisante pour déterminer la mort.

Si M. Ségalas, dans des expériences fort bien conçues, n'a pas vu la noix vomique passer par les chylifères d'une anse intestinale isolée, c'est que le poison y passait trop lentement et en trop petite quantité pour déterminer une action toxique.

. Enfin, si M. Chatin n'a pas retrouvé dans le canal thoracique l'antimoine et l'acide arsénieux, c'est que la quantité de liquide prise après la mort dans le canal a été insuffisante pour la constatation de ces substances.

En somme, il n'a manqué à ces savants expérimentateurs, pour découvrir la vérité, qu'une seule chose, de petits tubes insérés dans le canal thoracique et dans les vaisseaux lymphatiques. A l'aide de ces tubes versant au dehors le chyle et la lymphe, ils auraient constaté de la manière la plus nette l'absorption des matières étrangères par les vaisseaux blancs, ils en auraient vu les progrès, la décroissance et le terme.

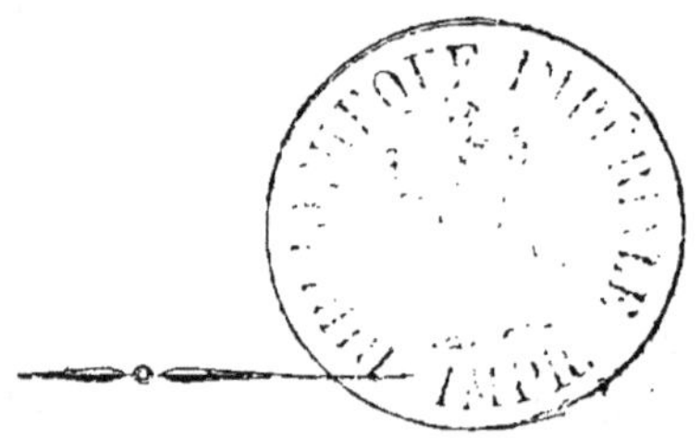